# 优选

## 家装设计典范

《优选家装设计典范》编写组/编

呈现重点局部及多空间设计的优秀案例
合理的分册提升参考效率

# 背景墙

化学工业出版社
·北京·

## 参加编写人员

| | | | | | |
|---|---|---|---|---|---|
| 许海峰 | 何义玲 | 何志荣 | 廖四清 | 刘 琳 | 刘秋实 |
| 刘 燕 | 吕冬英 | 吕荣娇 | 吕 源 | 史樊兵 | 史樊英 |
| 郇春园 | 张 淼 | 张海龙 | 张金平 | 张 明 | 张莹莹 |
| 王凤波 | 高 巍 | 葛晓迎 | 郭菁菁 | 郭 胜 | 姚娇平 |

**图书在版编目（CIP）数据**

优选家装设计典范．背景墙 ／ 《优选家装设计典范》编写组
编．— 北京 ：化学工业出版社，2015.1
ISBN 978-7-122-22272-5

Ⅰ．①优… Ⅱ．①优… Ⅲ．①住宅－装饰墙－室内装修－建
筑设计－图集 Ⅳ．①TU767-64

中国版本图书馆CIP数据核字(2014)第258572号

责任编辑：王 斌 邹 宁　　　　　　　　装帧设计：锐扬图书

出版发行：化学工业出版社(北京市东城区青年湖南街13号 邮政编码100011)
印　　装：北京画中画印刷有限公司
889mm×1194mm 1/16 印张 7 2015年 1 月北京第 1 版第 1 次印刷

购书咨询：010-64518888 (传真：010-64519686) 售后服务：010-64518899
网　　址：http://www.cip.com.cn
凡购买本书，如有缺损质量问题，本社销售中心负责调换。

定　　价：39.80元

Contents
目录

# 图解家装风格珍藏集

**现代**
定价：39.00元

**中式**
定价：39.00元

**欧式**
定价：39.00元

**混搭**
定价：39.00元

## 最新大户型背景墙

定价：49.00元

## 新中式家装演绎

**客厅 餐厅 玄关走廊**
定价：49.00元

**背景墙 顶棚**
定价：49.00元

## 最新客厅风格佳作

**清新**
定价：39.00元

**典雅**
定价：39.00元

**时尚**
定价：39.00元

（美家空间 HOME IDEA 珍藏版 分享最新鲜的家装资讯）

## 优选家装设计典范

**背景墙**
定价：39.80元

**客厅**
定价：39.80元

**餐厅、玄关走廊**
定价：39.80元

**卧室、书房、休闲区**
定价：39.80元

**隔断、顶棚**
定价：39.80元

## 电视墙设计的原则

1.电视墙设计不能凌乱复杂，以简洁明快为好——墙面是人们视线经常注意的地方，是进门后视线的焦点，就像一个人的脸一样，略施粉黛，便可令人耳目一新。现在的主题墙设计以简约风格为时尚。

2.色彩运用要合理。从色彩的心理作用来分析，色彩的作用可以使房间看起来变大或缩小，给人以"凸出"或"凹进"的印象，可以使房间变得活跃，也可以使房间看起来宁静。

3.不能为做电视墙而做电视墙，电视墙的设计要注意家居整体的搭配，需要和其他陈设配合与映衬，还要考虑其位置的安排及灯光效果。

# 电视墙设计的注意事项

电视墙设计应该既服务于设计风格的总体，又突出强化设计风格。电视墙的装饰材料很多，有用木质的、天然石的，也有用人造石及布料的。对于电视墙而言，采用什么材料并不是很重要的事情，最主要的是要考虑电视墙造型的美观及对整个空间的影响。客厅电视墙作为整个居室的一部分，绝对不能单纯地为了突出个性，让其与整体空间产生强烈的冲突。电视墙应与其周围的风格融为一体，运用细节化、个性化的处理融入整体空间的设计理念。电视墙如果具有中心倾向，那么应考虑与电视机的中心相呼应；电视墙如果具有左右倾向，那么应考虑沙发墙是否有必要做类似元素的造型进行呼应。

# 客厅电视墙合理面积的确定

客厅电视墙作为视觉的焦点，在设计时应注意其面积大小须与整个空间比例相协调，要考虑客厅不同角度的视觉效果，在设计中不能过大或过小。

如果客厅面积较大，电视墙也很宽，在设计的时候可以适当对该墙体进行一些几何分割，在平整的墙面塑造出立体的空间层次，起到点缀、衬托的作用，也可以起到区分墙面功能的作用。

如果客厅面积较小，电视墙面也很狭窄，在设计的时候就应该运用简洁、突出重点、增加空间进深的设计方法，比如选择深远的色彩，运用统一甚至单一的材质，以起到在视觉上调整并完善空间效果的作用。

## 电视墙对环境的要求

　　保持电视周围环境的干爽对于延长电视的使用寿命是至关重要的。因为平板电视很多都不带防水保护,散热栅格内的电路板会直接与外界空气接触,当周围湿度超过80％,就有可能使电视出现异常情况;如果长期湿度过大,有可能发展成为致命硬伤。另外,也不要将电视安装在靠近热源的地方,并且要预留足够的散热空间。过多植物摆放在电视墙附近也是不当的做法。功率大于100瓦的平板电视,左右侧面距离安装面的间距至少要有10厘米,以保持空气流通,通风散热。

## 电视墙的造型设计

　　客厅电视墙的造型可分为对称式、非对称式、复杂式和简洁式。对称式给人规律、整齐的感觉；非对称式比较灵活，给人感觉个性化很强；复杂式和简洁式都需要根据具体风格来定，与整体风格相融洽为最佳。客厅电视墙的造型设计，需要实现点、线、面的结合，与整个环境的风格和色彩一致，在满足使用功能的同时，也要做到反映装修风格、烘托环境氛围。客厅电视墙一般都是客厅的中心，太平整会使空间的视觉层次减少，令空间感太单调。从功能上来说，平面易使声音传递成倍数级，产生回声共振，不利于音响效果的制造，只有立体或浮雕的面，才能同影院和音乐厅一样，使声波发生漫反射，产生完美的混响声场，使听者有临场感。以电视和迷你音响发声的点声源，更要注意回声面的处理。

# 电视墙的色彩设计

　　采用不同的色彩所创造的空间性格形象是不同的。黑白灰色系能表达静谧、严谨的气氛，也表达出简洁、明快、现代和高科技的风格；浅黄色、浅棕色等明亮度高的色系，可以表达清新自然的气息；艳丽丰富的色彩则可以表达热烈、激情的氛围。因此，电视墙的色彩设计一定要尊重业主追求的视觉感受。

　　此外，电视墙的色彩选择还应考虑室内光线、层高、材质和风格的影响。色彩搭配只有与材质的固有色对应和谐，才能装饰出理想的效果。

# 沙发墙

## 沙发墙设计的注意事项

　　设计沙发墙，要着眼整体。沙发墙对整个室内的装饰及家具起衬托作用，装饰不能过多过滥，应以简洁为好，色调要明亮一些。灯光布置多以局部照明来处理，并与该区域的顶面灯光协调考虑，灯壳尤其是灯泡应尽量隐蔽，灯光照度要求不高，且光线应避免直射人的脸部。背阴客厅的沙发墙忌用一些沉闷的色调，宜选用浅米黄色柔丝光面砖，或采用浅蓝色调，在不破坏氛围的情况下，能突破沉闷，较好地起到调节光线的作用。

# 沙发墙设计省钱 DIY

　　可以到旧货市场淘些有风格的小架子，重新粉刷上具有田园风格的色彩，把它们装饰在墙面上。美观的餐盘，不舍得用于盛放食物，那么就把它们装裱起来挂在墙上展示吧。或者将不同大小、不同颜色、不同风格的盘子集中展示在墙面上，呈现出特殊的艺术效果。将一扇旧门粉刷上新的颜色转成一件艺术品倚靠在墙上，也是一种新颖的做法……

餐厅墙

# 餐厅背景墙装修的注意事项

　　餐厅背景墙装修是装修的重要环节,因为它可能决定着餐厅装修的整体效果。在装修餐厅背景墙的时候,最好首先考虑自己的喜好。因为餐厅的装修必然是要符合个人的品位,自己喜欢的才是最好的。个性化的装修,才能够提高生活的品质。可以打造壁画似的装饰墙;还可以手绘出随性又自由的画作,能营造出轻松愉悦的用餐环境;也可以悬挂异国情调的装饰,在家享受西餐、日韩料理的时候,用餐氛围胜过任何星级餐厅。

# 餐厅墙面和灯光的色调搭配

　　餐厅墙面颜色和灯光颜色的搭配往往能左右整个餐厅的氛围。在餐厅里，应该有一种美的享受，很多简单的搭配都能让餐厅充满生机和品位。一般说来，餐厅的颜色适宜选用暖色系，如黄色、橘红色等，这些色彩会让餐厅显得温馨并能刺激人的食欲。白色餐桌椅搭配实木的背景墙，显得非常雅致大气。柔和的墙面颜色搭配橘红色的灯光温馨浪漫。

　　餐厅墙面颜色和灯光颜色的搭配一般情况下都要跟整个房屋的风格相协调。特别是那种不是独立餐厅的房屋，更要注重风格的搭配。如果餐厅与客厅相连，就要考虑到餐厅与客厅之间的协调性。如果是独立餐厅，则可以选择不同于客厅的风格，这样能凸显主人的品位和个性。

卧室墙

## 卧室背景墙的设计

　　床头板以及床头背景墙，完全可以按照业主的想法去设计，使之独特且充满韵味。最简单的装饰有的时候也可以让人感觉温暖而美丽。例如，用艺术画多组并列来作为床头背景墙的装饰，不失为一种简单的办法。也可以挑选一组照片，将它们镶进相框中，为了保持它们的连贯性，相框底衬、尺寸要统一，颜色要搭配。也可以采用布艺或皮革软包，只需选择喜爱的材料，就能获得不错的视觉效果。需要注意的是，软包床头多以织物和皮革包裹，应当用沾有消毒剂的湿布经常擦洗，这样才利于人的健康。总之，用什么装饰都不重要，只要精心搭配卧室的整体风格，效果就一定出彩。

# 实用型卧室背景墙设计妙招

摘板取代床头柜：一块小小的摘板，同时利用平面和下端挂钩打造出双层收纳效果。上端可以放置书本、相框等，下端可以挂一些手链、手表等，一般临睡前的小杂物都能顺手安置，完全取代了床头柜的作用。

木条架取代衣帽架：衣帽架是现代居室中必不可少的，但是传统的衣帽架样式厚重，如果添加到小户型中，反而占用了空间。不如把这一功能移到背景墙上，用木条拼出随意的图案，格子间可以插上照片或者留言条，钉上一些钉子就能挂衣帽，再加上一层摘板还能置物。随意百变的方式最适合小户型选用。

简易摘架取代装饰柜：普通的横向摘架大家常常用到，但是竖起来、倒过来也有妙用。摘架的不同造型不仅让背景墙显得更美观、更生动，不同大小的摘板位置还能放置不同的装饰，起到装饰架的妙用。